DESCRIPTION GÉOLOGIQUE

DE

L'ÎLE D'AMBON

PAR

R. D. M. VERBEEK,

Docteur ès sciences.

(Edition française du Jaarboek van het Mijnwezen in Nederlandsch
Oost-Indië, Tome XXXIV, 1905, partie scientifique.)

ATLAS

CONTENANT:

BATAVIA
IMPRIMERIE DE L'ÉTAT
1905.

GEOLOGISCHE KAART

VAN

LEITIMOR

SCHAAL 1:20,000

GEOLOGISCH BEWERKT DOOR DEN HOOFDINGENIEUR BIJ HET MIJNWEZEN

Dr. R.D.M. VERBEEK.

TOPOGRAFISCH OPGENOMEN DOOR DEN TIJD. TOPOGRAAF BIJ HET MIJNWEZEN

W. VAN DEN BOS.

IN 1898.

Legenda.

P — Peridotiet en serpentijn.

D — Diabaas.

z — Graniet en kwartsporfier.

z — Zandsteenformatie (Jong-paleozoisch?).

M — Melafier (Krijtformatie?).

N — Andesiten, liparieten, glaspatieten en breccie. } (Krijtformatie?).
glaspatieten en breccie.

kw — Los materiaal. (Plioceen en kwartair).

k — Koraalkalk. (id id).

a — Alluvium.

⟜ — Richting en helling der lagen.

W Wai, rivier. T^g Tandjoeng, kaap. G Goenoeng, berg. Loboehan : baai, inham met ankerplaats.

Hoogtecijfers in meters.

Hoogtelijnen op op 10 meter vertikalen afstand.

BLADWIJZER.

1 : 200.000.

GEOLOGISCHE KAART
van
AMBON
Schaal 1:100,000.

Topografisch opgenomen door den tijd. topograaf bij het Mijnwezen W. van den Bos.
Geologisch bewerkt door den Hoofdingenieur bij het Mijnwezen Dr. R. D. M. Verbeek
en den Mijningenieur 1ᵉ klasse M. Koperberg in 1898

(*Voor zoover Hitoe betreft, grootendeels geologische schetskaart*)

Baai van Bagoeala

Binnen baai

Ambon

AMBON

LEGENDA.

Peridotiet, gabbro en serpentijn.
Diabaas.
Graniet en kwartsporfier.
Zandsteenen en schiefers Jong paleozoïsch?
Melafier.
Andesieten en liparieten met hun
glasaquivalenten en breccies.   Eruptformatie?
Los materiaal (Plioceen en kwartair).
Zachte mergelkalk (Plioceen?).
Koraalkalk (Plioceen en kwartair).
Alluvium.
Richting en helling der lagen.
W.   Wai, rivier.
T.º   Tandjoeng, kaap.
G.   Goenoeng, berg.
P.   Poeloe, eiland.
Noesa, eiland.
Télaga, meer.
Laboehan, baai met ankerplaats.
Hoogtecijfers in meters.
Hoogtelijnen op 50 meter verticalen afstand.

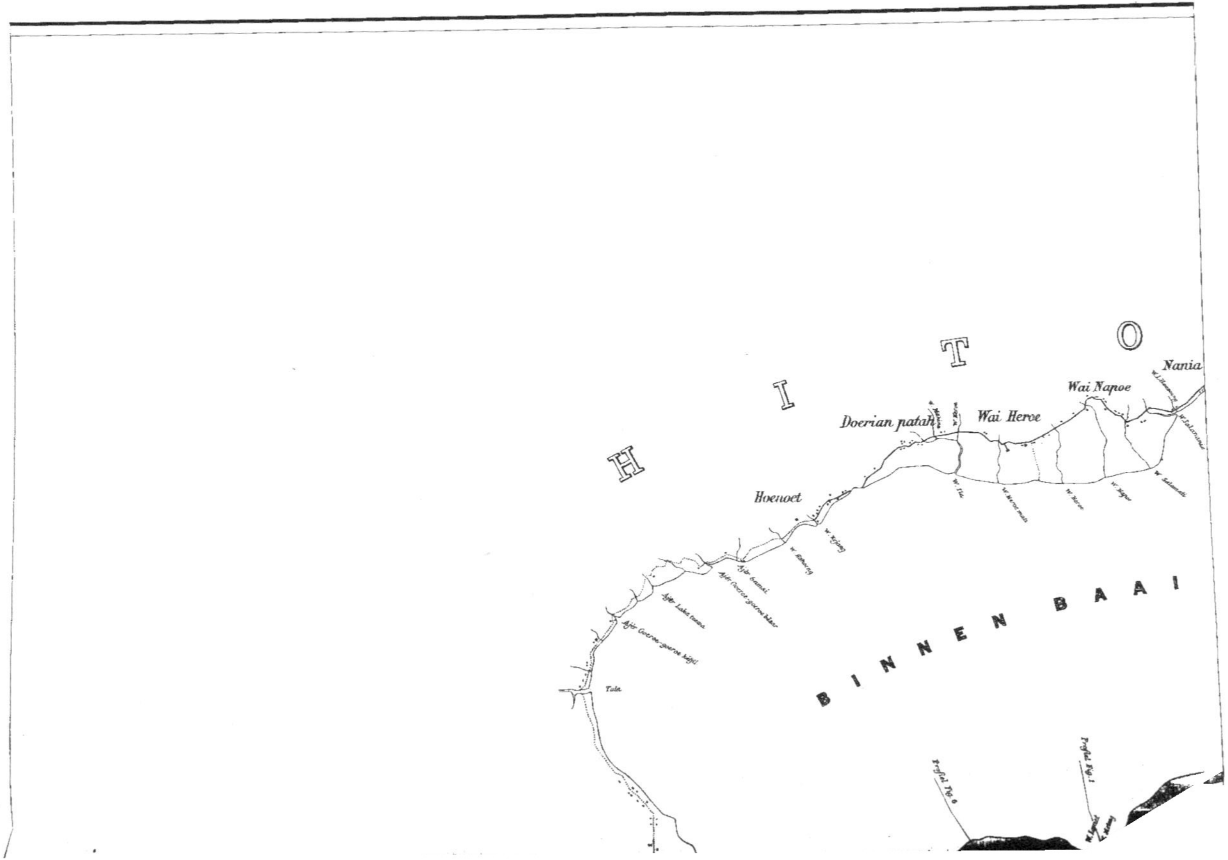

H I T O
Nania
Wai Napoe
Wai Heroe
Doerian patah
Hoenoet
BINNEN BAAI
Ajer Lakatoana
Tala
Proftel Fig. 1
Proftel Fig. 6

Profiel Fig.1

Profiel Fig.3

Hatong

T°. Mardjian

Poka

Roemah tiga

W. Laha

Nina

Kemuri

Nina

W. Ahu

W. Laha

BAAI VAN AMBON

Gitila

BOSSOE-MEDAR

G. KOENING

G. BATOE MERAH

GOENOENG PANDJANG

Profiel Fig.2

Fort Nieuw Victoria

AMBON

Geologische Beschrijving van Ambon.

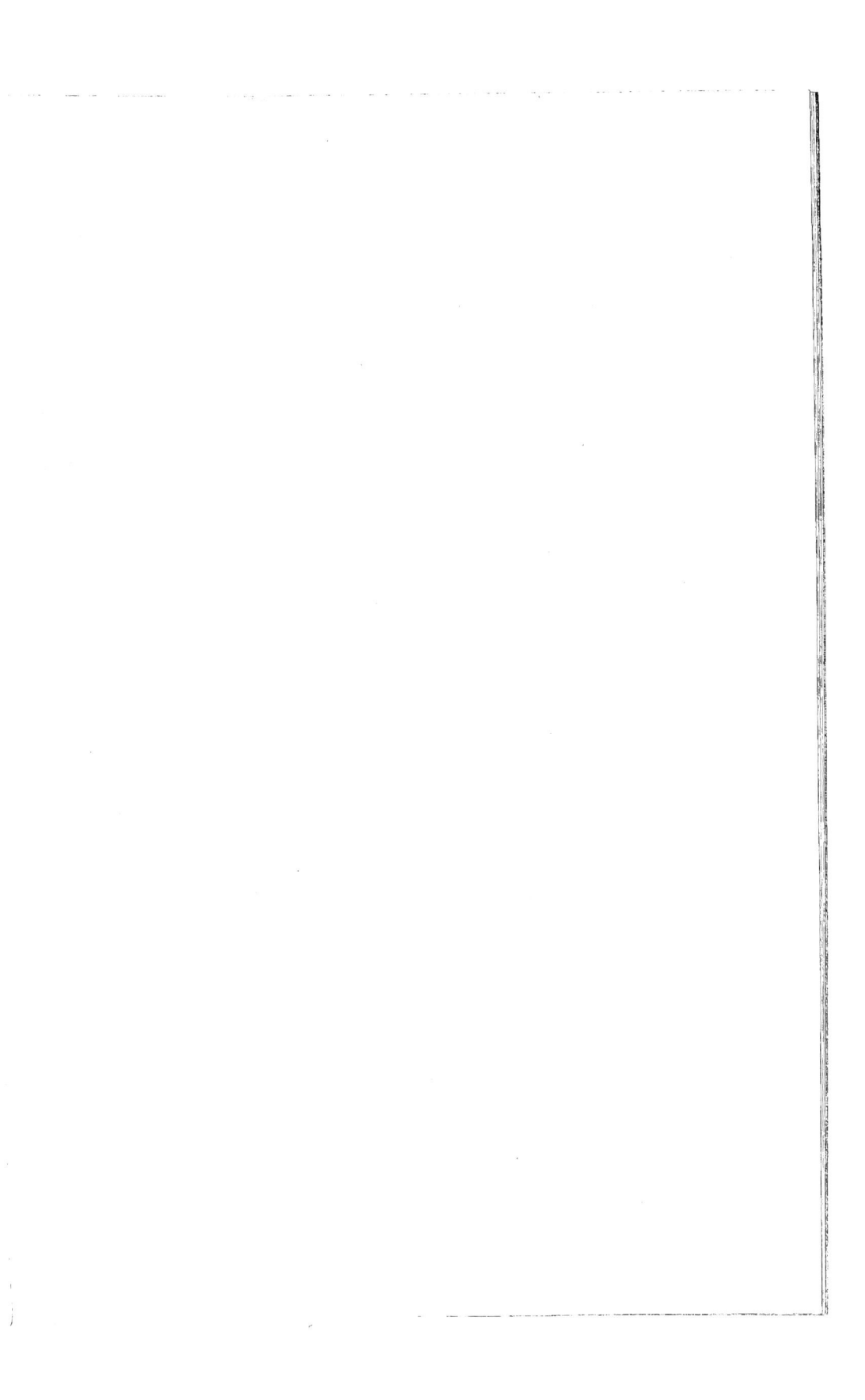

BAAI VAN BAGOEALA

Soeli

Paso

Negri lama

Geologische Beschryving van Amboa.

Kaart N°II. Blad 3.

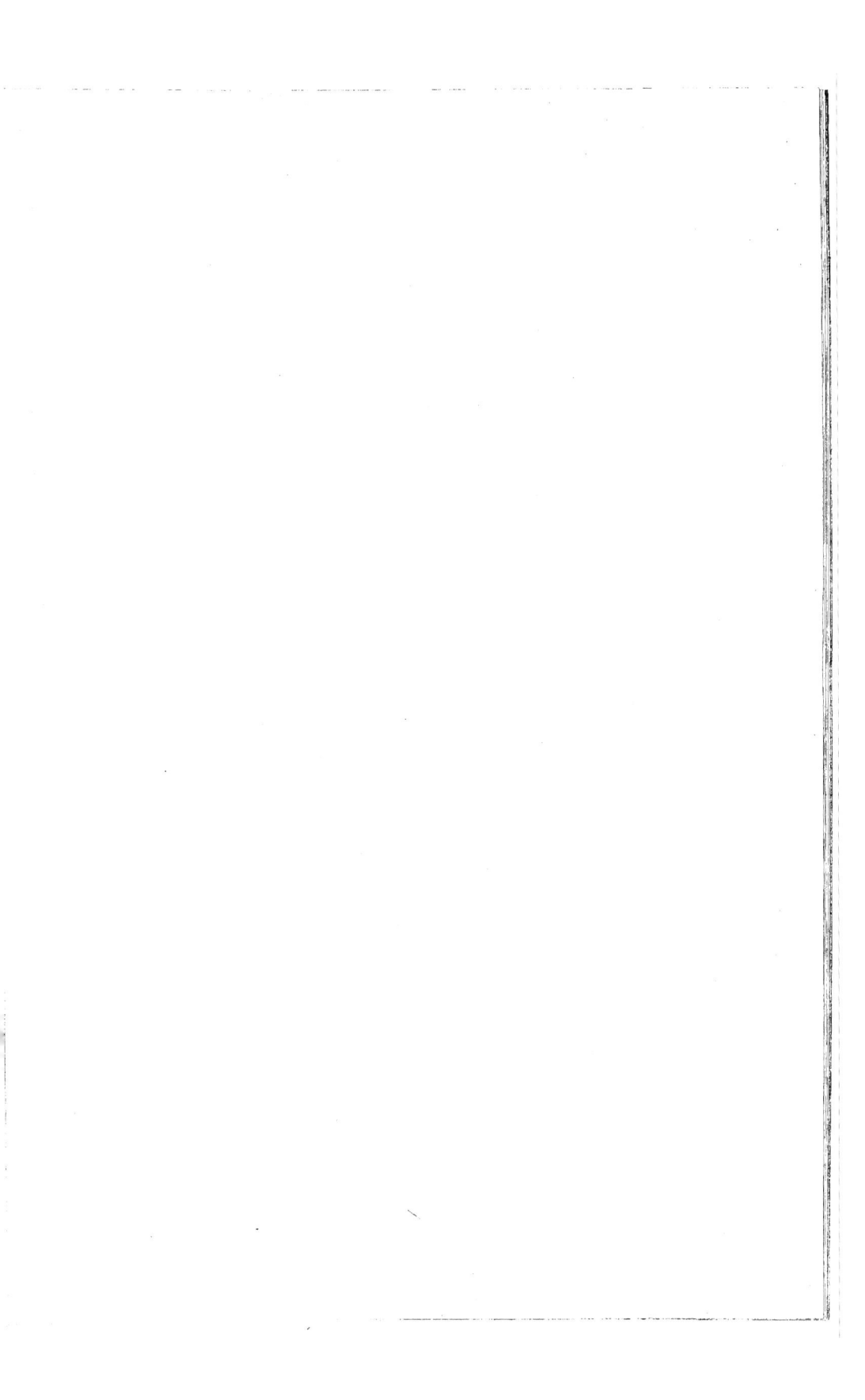

Kaart. N.° II. Blad 3.

Geologische Beschrijving van Amboina.

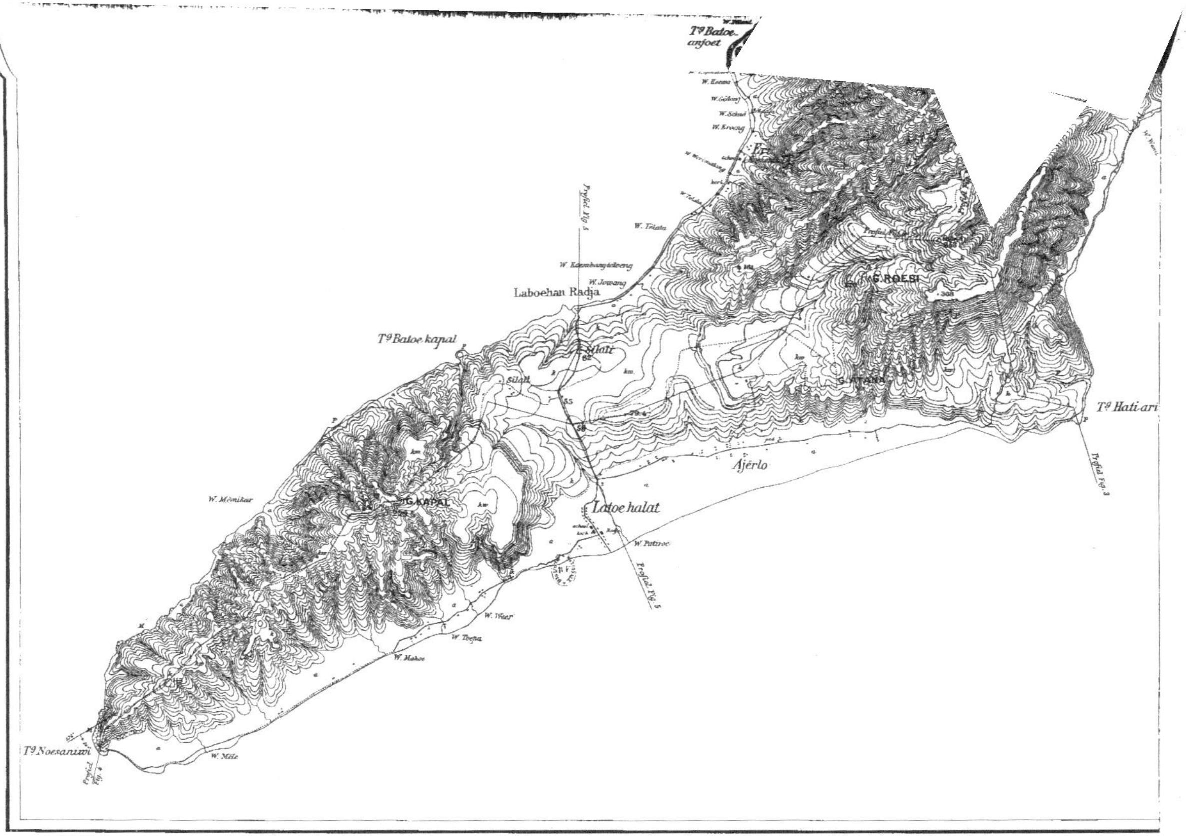
Tg Batoe anjoet
Laboehan Radja
Tg Batoe kapal
Silait
G. ROESI
G. ATARA
Tg Hati-ari
Ajérlo
Latoe halat
G. KAPAL
Tg Noesaniwi
Profiel Fig. 5
Profiel Fig. 3
W. Télata
W. Jowang
W. Ménikar
W. Waer
W. Toepa
W. Mahoe
W. Méle
W. Patiroe

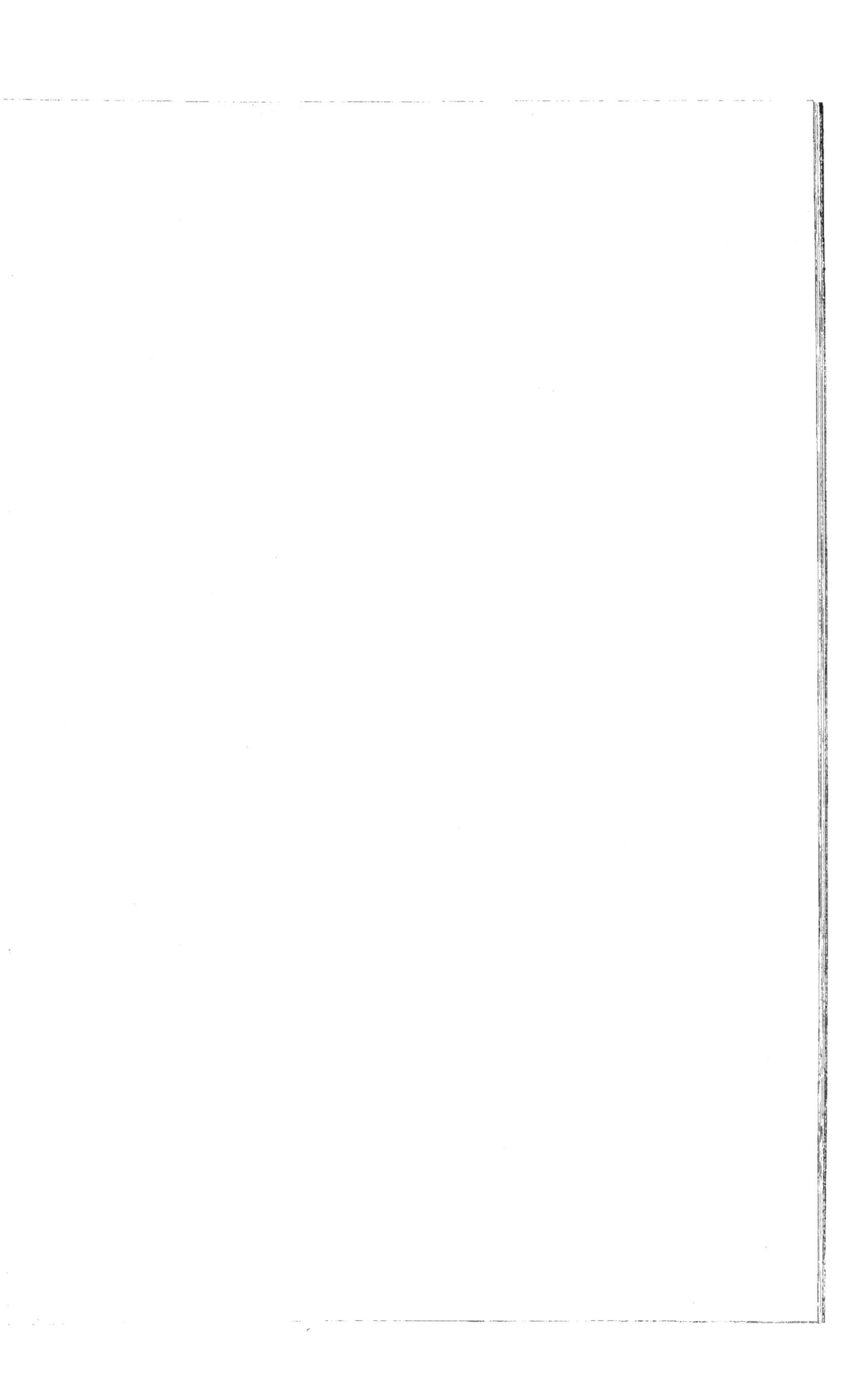

Kaart. N.º II. Blad 5.

Geologische Beschrijving van Amboina

T.º Benteng

Profiel Fig. 1

Aandachteken

W.º Toelehoe

Wai Sitoe

Moesi moeti

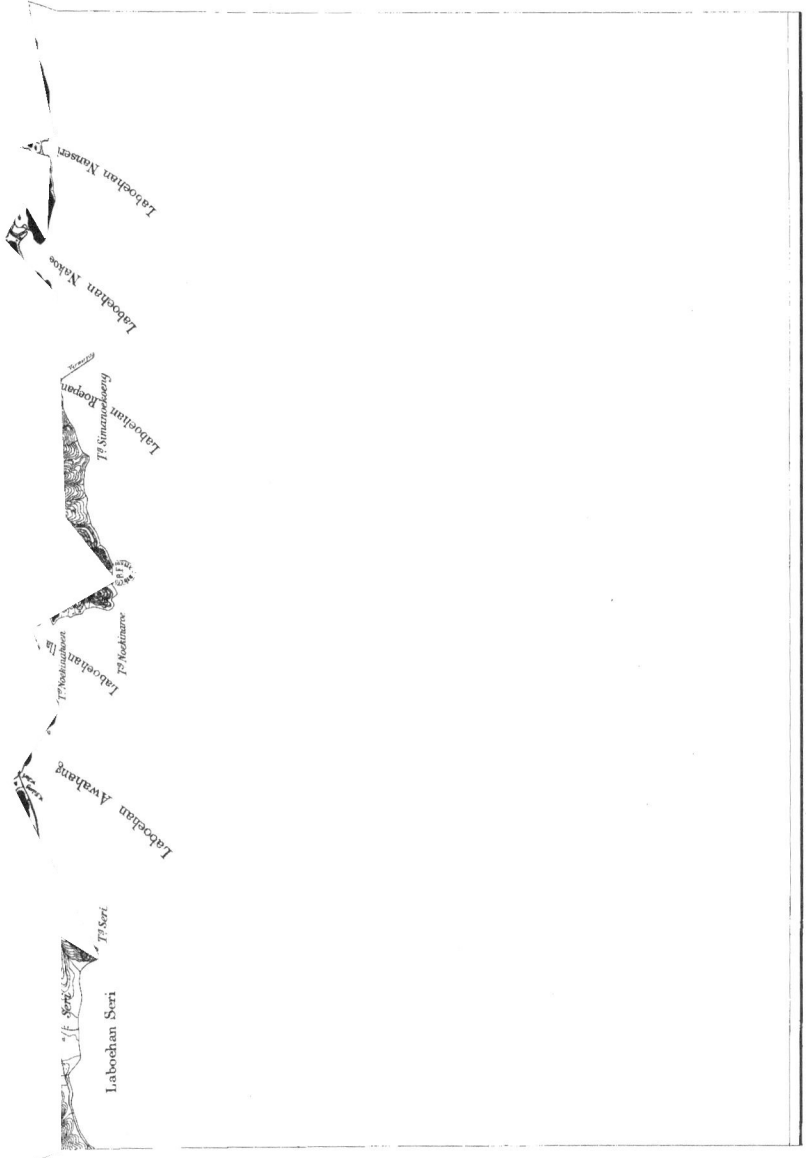

Laboehan Nansen

Laboehan Nakos

Laboelan Roepan.
T.g Sinanoekong

Laboehan L.
T.g Nochtnaru

Laboehan Awahang

Laboehan Seri

T.g Seri

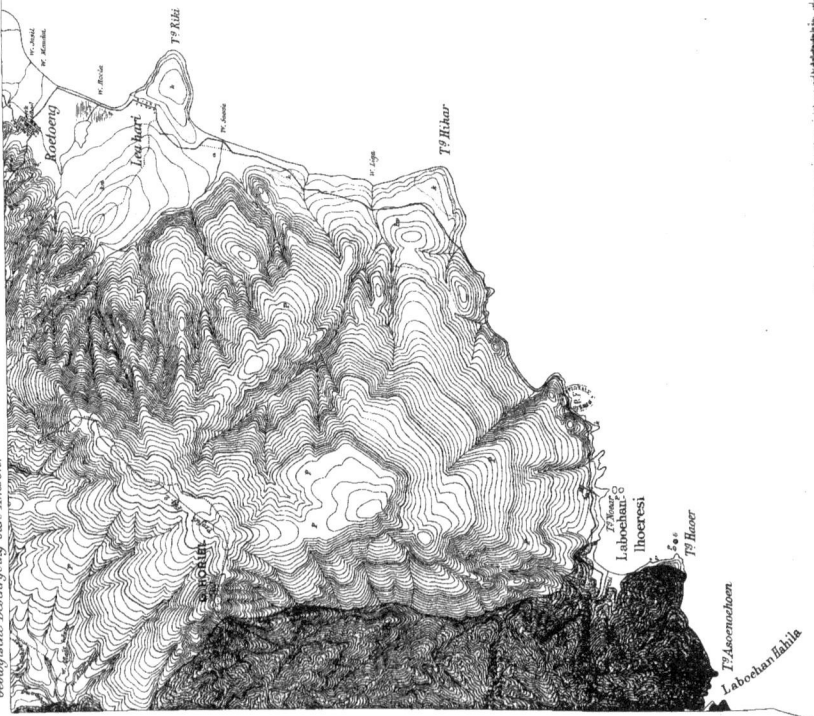

Laboehan Hahila

T^p Assaroeboon

T^p Boor

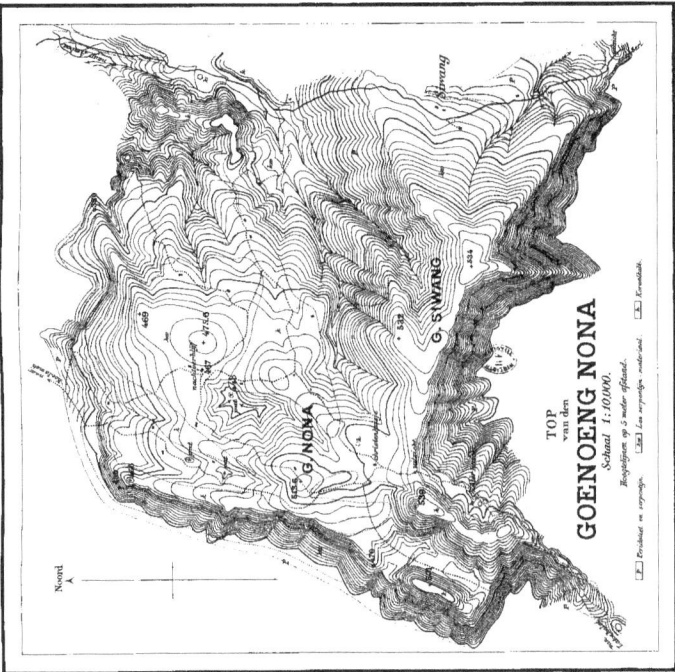

TOP
van den
GOENOENG NONA
Schaal 1:10.000.

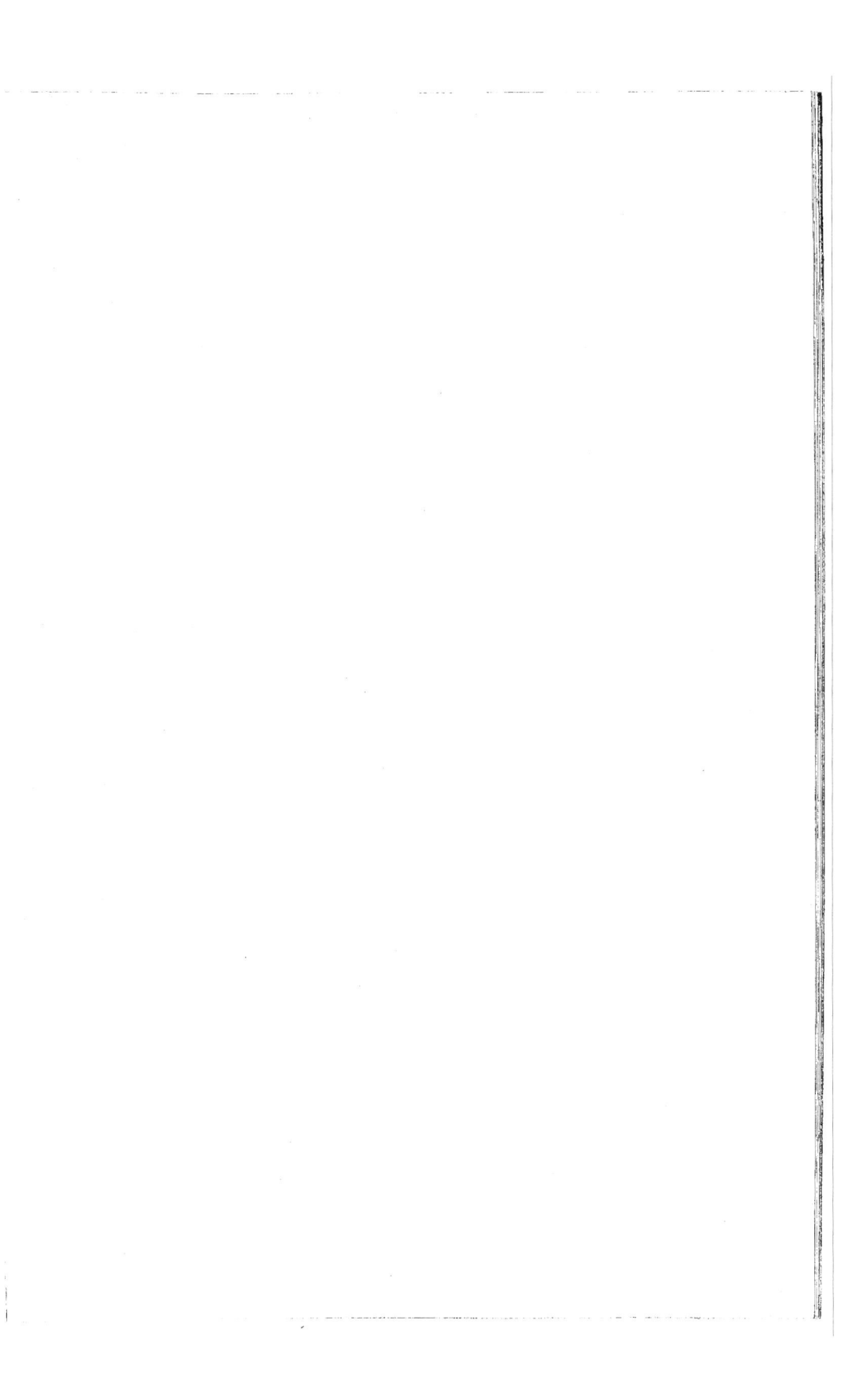

KAART
van
AMBON
SCHAAL 1:100,000.
Noord
Hila
Kaitetoe
Tg Hoeloen
Seid
G. TOENA
PLATEAU DAMAR
G. WALAWAA
G. WALEATEH
Waterscheiding
LOEMOE LOEMOE
Lima
Noesa Ela
Oering
Noesa Hatala
Noesa Lain
Asiloeloe
G. SĔRIBOEWAN
G. TILI
G. HATOE KOI
G. LATOEA
G. HITA KAPAL
Laboehan Lai
Tg Sial kole
G. LANA
G. TITA OELOE
H
I
Tamiri
Lilibok
Larike
Wakasihoe
Batoe Seroenga
III
Baai van Ambon
Tg Batoe anjer
Tg Noesanive
Vermorping

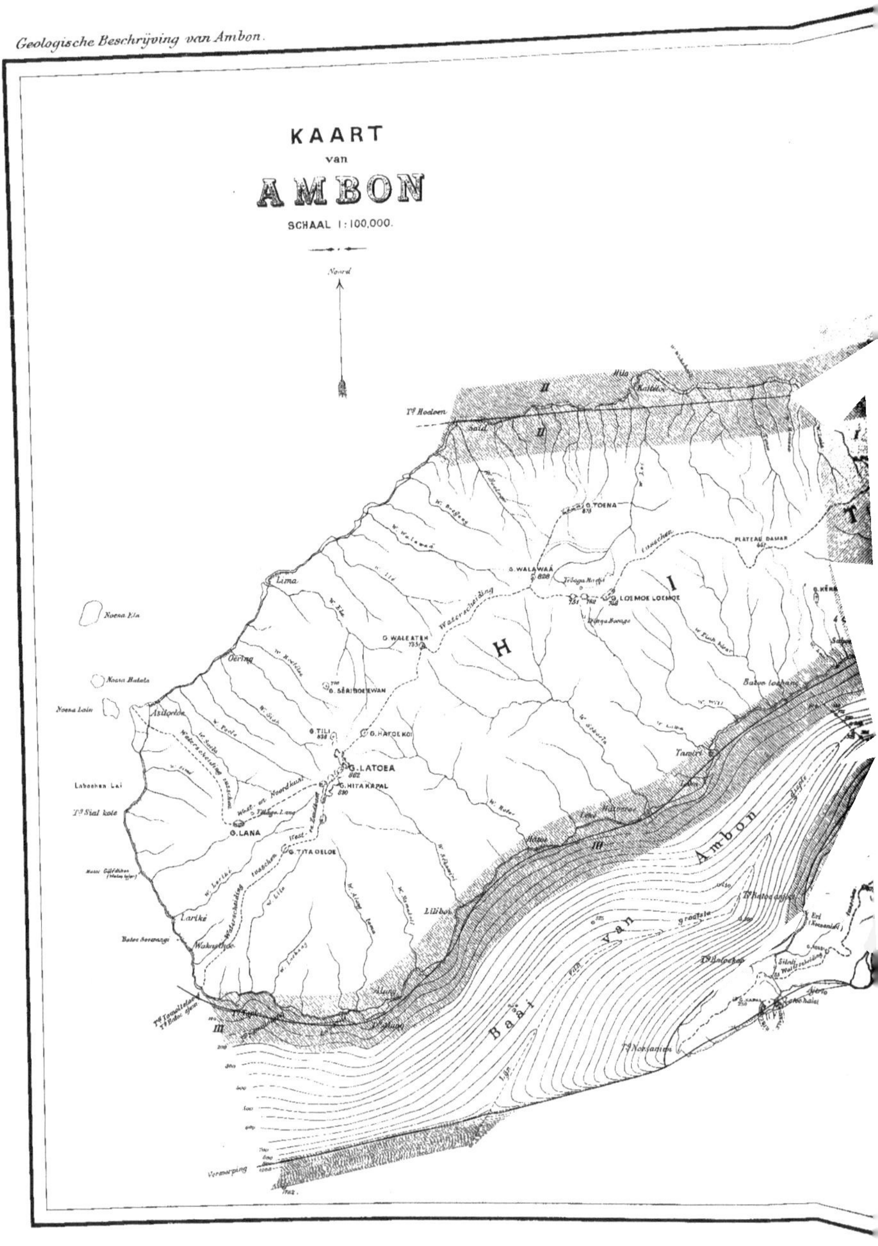

LEGENDA.

------------ Waterscheidingen
— · — · — Lijn van grootste diepte in de Ambon-baai
I Hoofdstootgebied van de aardbeving van 6 Januari 1898
II III IV Secundaire stootgebieden id id
Verwarpingen
Peridotiel-bergen, Luring aanweg en Eri zaman
1, 2, 2*, 3, 4 Afstortingen der hennals beenten den G. Keï'bau
a, b, c id id bij de W. Lala (·N.W. van Neemah tiga)
d, e id id bij Wakal
f id id aan de N zijde vid berg Luring aanweg
Hoogten en diepten in meters
Dieptelijnen in de baai van Ambon op 50 meter vertikalen afstand

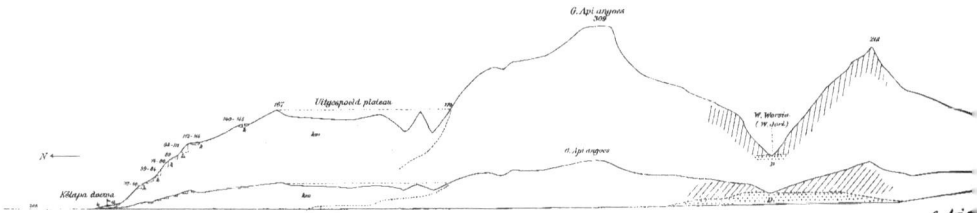

Fig. 1. Geologisch profiel, volgens eene gebroken lijn, van Kélapa doewa (bij Halong) over den G. Api
Benedenste profiel. Horizontale schaal 1 : 20,000.
Bovenste profiel " " 1 : 20,000.

Fig. 2. Geologisch profiel, volgens eene gebroken lijn, van Ambon over den G. Batoe medja, Soja di atas, den
Benedenste profiel. Horizontale schaal 1 : 20,0
Bovenste profiel " " 1 : 20,0

Fig. 3. Geologisch profiel, volgens eene gebroken lijn, van Wai Niloe (bij Ambon
Benedenste profiel. Horizontale schaal 1 : 20,000.
Bovenste profiel " " 1 : 20,000.

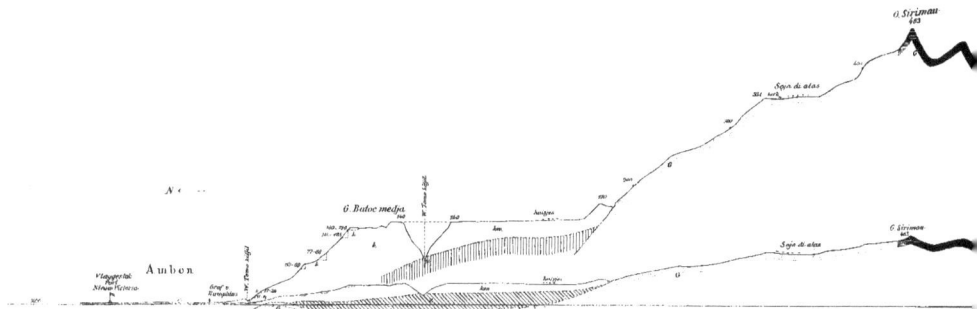

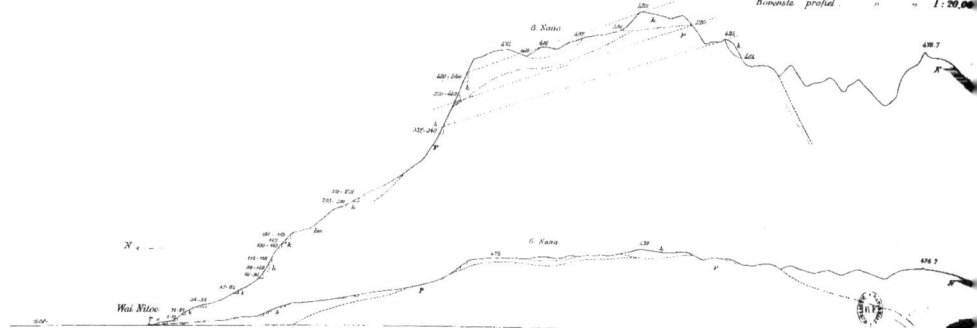

(bij Halong) over den G. Api angoes, de Wai. Warera en Haleroe naar Toeri sapo
Horizontale schaal 1:20,000.   Vertikale schaal 1:20,000.
"   " 1:20,000.   "   " 1:5000.

Fig. 2ᵃ. Grens van serpentijn en zandsteen aan den grooten weg van Ambon naar Roetoeng
Hor schaal 1:70,000
Vertie schaal 1:5000.

den G. Baloe roetja, Soja di atas, den G. Sirinau en den G. Huriel naar het zandsteengebergte boven Roetoeng.
profiel   Horizontale schaal 1:20,000.   Vertikale schaal 1:20,000.
profiel   "   " 1:20,000.   "   " 1:5000.

Lijn, van Wai Bloe (bij Ambon) over den G. Nona naar Tandjoeng Hati ari.
profiel   Horizontale schaal 1:20,000.   Vertikale schaal 1:20,000.
profiel   "   " 1:20,000.   "   " 1:5000.

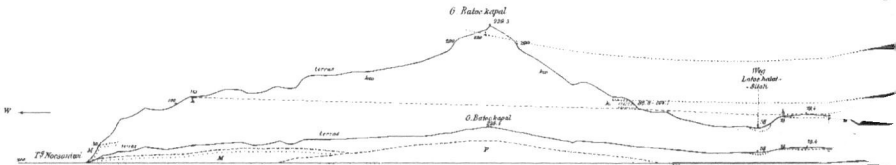

Fig. 4. Geologisch profiel, volgens eene gebroken lijn, van Tandjoeng Noesaniwi over d...
Benedenste profiel. Horizontale schaal 1 : 20,000.
Bovenste profiel. „ „ 1 : 20,000.

Fig. 5. Geologisch profiel, van de baai Labochan Radja bij Silali naar Latoe halat,
ongeveer van Noord naar Zuid.
Horizontale schaal 1 : 20,000. Vertikale schaal 1 : 5000.

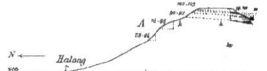

Fig. 6. Doorsnede der kalklagon achter Halong, loodrecht o...
Horizontale schaal 1 : 20,000. Vertikale schaal 1...

LEGENDA

voor de Figuren 1–8.

P	Peridotiet en Serpentijn.
D	Diabaas.
G	Granietgesteenten.
s	Zandsteenen en schiefers. (Jong paleozoisch?)
M	Melafier.
N	Andesieten, liparieten, glasgesteenten en brevvien.} (Krijtformatie?)
he	Los materiaal (Plioceen en kwartair).
kw	Zachte mergelkalk (Plioceen?)
k	Koraalkalk (Plioceen en kwartair).
a	Alluvium.

Richting en helling der lagen.

Hoogtecijfers in meters.

Fig. 8 A
Roemah tiga

Fig. 8 C

Fig. 8 B

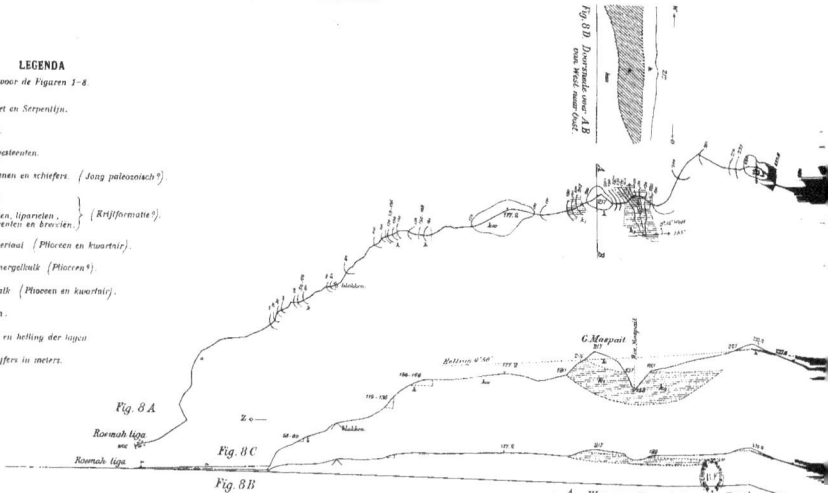

Fig. 8
A. Weg van Roemah tiga, naar Hitoelama. schaal...
B. Profiel van dien weg. Horizontale schaal 1 : 20,000.
C. „ „ „ „ 1 : 20,000.
D. Doorsnede over AB van Fig. 8 A, van West...

Doorsnede Noessaniwi over den G. Batoe kapal en het topje A (Fig. 3) naar het kalktopje B.

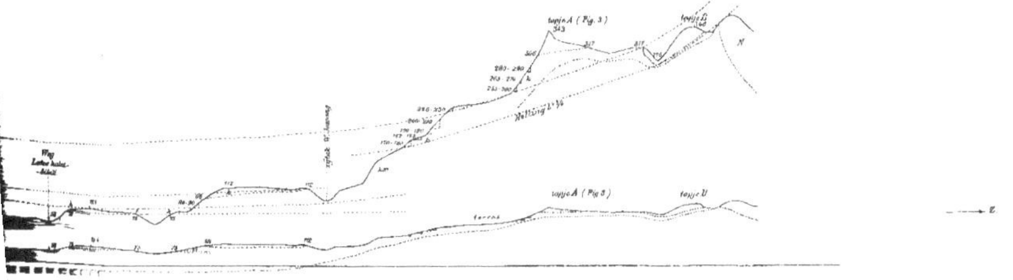

Horizontale schaal 1 : 20000 . Vertikale schaal 1 : 20,000.
„ 1 : 20,000. „ „ 1 : 5000.

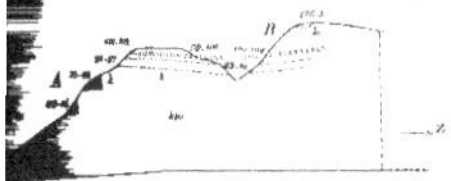

achter Halong loodrecht op de richting der lagen.
1 : 20,000. Vertiale schaal 1 : 5000.

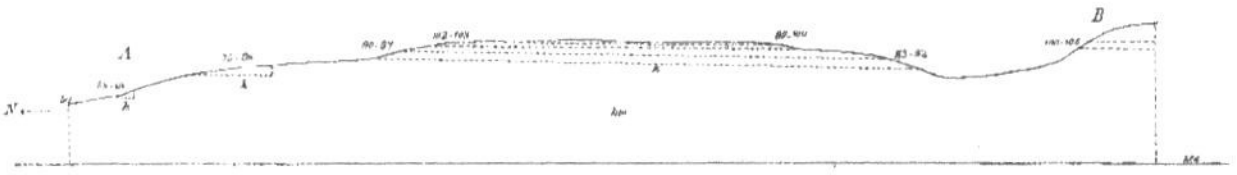

Fig. 7. Gedeelte A B van Fig. 6 Horizontale en Vertikale schaal 1 : 5000.

Helling der bovenste kalklaag 0°31'naar Zuidwest.
Helling der 2e kalklaag, beneste pedalte 0°40'naar Zuidwest.
„ „ „ sudwest „ 4°47' „

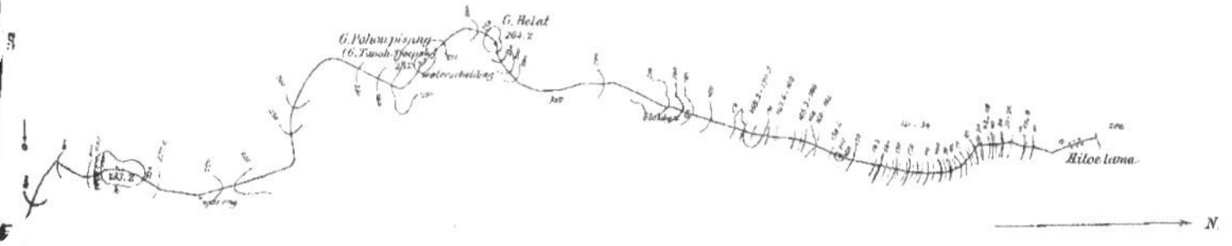

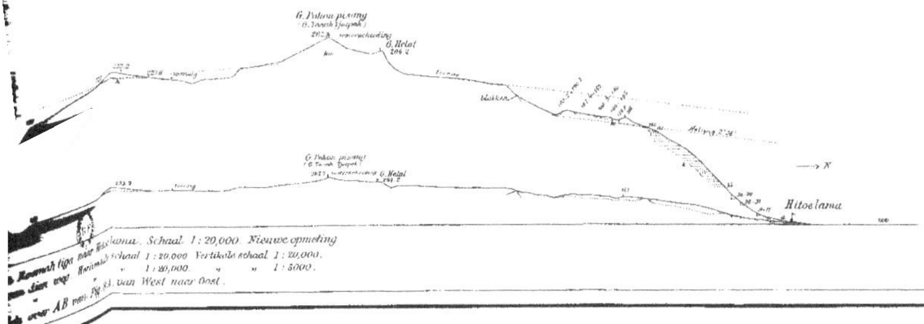

naar Haloana. Schaal 1 : 20,000. Nieuwe opmeting
schaal 1 : 20,000 Vertikale schaal 1 : 20,000.
„ 1 : 20,000. „ „ 1 : 5000.
over AB van Fig. van West naar Oost.

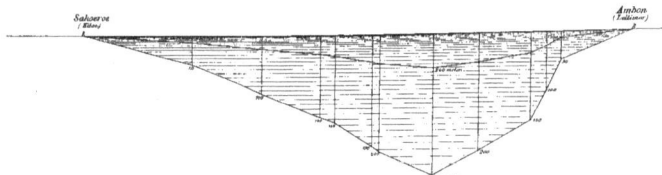

Fig. 9.

Profiel van de Ambon-baai, tusschen Sahoeroe (op Hitoe) en Ambon (op Leitimor)
Bovenste profiel : Horizontale en vertikale schaal 1:20000
Benedenste »   : Horizontale schaal 1:20,000. Vertikale schaal 1:5000.

Baai van Ambon   Binnenbaai

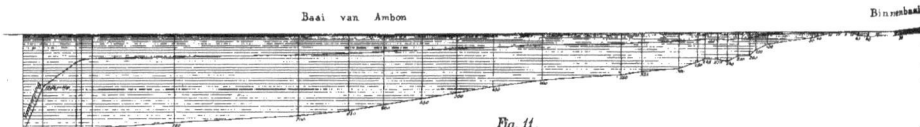

Fig. 11.

Lengte-profiel van de Ambon-baai over de lijn van grootste diepte.
Van de verwerping bij kaap Noesaniwi door de baai van Ambon en de Binnenbaai naar Paso.
Bovenste profiel : Horizontale en vertikale schaal 1:100,000
Benedenste »   : Horizontale schaal 1:100,000. Vertikale schaal 1:25,000.

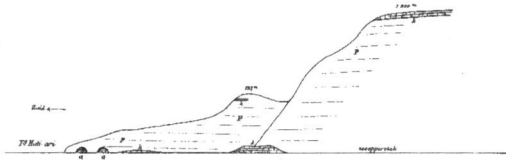

Fig. 14. Gezicht op Tandjoeng Bati-ari (Leitimor) van N.O.
P. Peridotiet. b Koraalkalk. a a, Gaten, door de zee in
den peridotiet uitgespoeld.

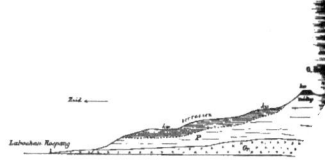

Fig. 15. De Goenoeng Erisamau met de ...
de Laboehan Roepang (Leitimor).
Gr Graniet. P Peridotiet.

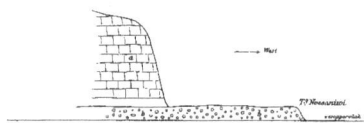

Fig. 17. Melafier bij Tandjoeng Noesaniwi (Leitimor).
a compact, zonder glas. b met glaskorsten.

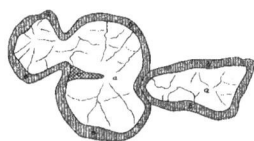

Fig. 18. Melafier bij T.g Noesaniwi.
a Melafier. b Glaskorsten. c Glas met geel omzettingsproduct.

Fig. 19.

Fig. 19-21. Melafier met kogelvormige
a Melafier.

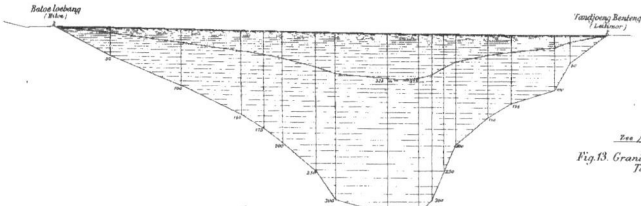

Fig. 10.
Profiel van de Ambon.baai, tusschen Batoe loebang (op Bitoe) en T.g Benteng (op Leitimor).
Bovenste profiel :   Horizontale en verticale schaal 1:20.000.
Benedenste   „   :   Horizontale schaal 1:20.000. Verticale schaal 1:5000.

Fig.13. Granietwand met resten van contactgesteente.
Tandjoeng Seri. (Leitimor) Schets.

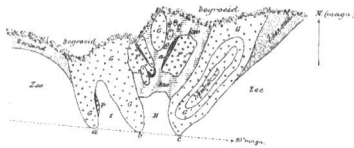

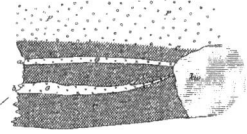

Fig.12. Tandjoeng Seri, aan de Zuidkust van Leitimor. (Schets)
Schaal 1:2000.

Fig.14.ª Grensbetgangen in peridotiet. Tandjoeng Seri (Leitimor)
Horizontale projectie.(Schets)
a = 3 centimeter, b = 5 à 6 centimeter dik, c = uitlooper, 5 millimeter dik.

Legenda voor Fig 12, 13 en 13ª.
. . . . P.   Peridotiet (N.º 50.)
. . . . G.   Groensteet (N.ºM.)
▨ C.   Contactgesteente (N.º39.)
kw   Hard kwartair conglomeraat, ± 3 Meter boven zee.

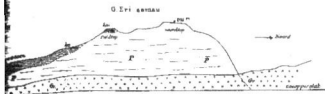

Fig. 16. Het gebergte bewesten Seri, gezien van Oost, bij Tandjoeng Noekinaroe (Leitimor).
Gr. Groniet. P Peridotiet. N. Kwartsgloemeraatzand.

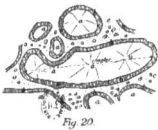

.19.
Melafier met bogivormige afzondering en glaskorsten, ten NO van T.g Noesaniwi.
a Melafier. b Glaskorsten. c Glas, gedeeltelijk goed oorgezet.

Fig. 20.

Fig. 21.

Fig. 22. Kwartaire zand- en rolsteenlagen, ten O. van den G.Karang pandjang,
op weg van Ambon naar Roetoeng (Leitimor).
Helling 3° à 5° naar Zuidoost.

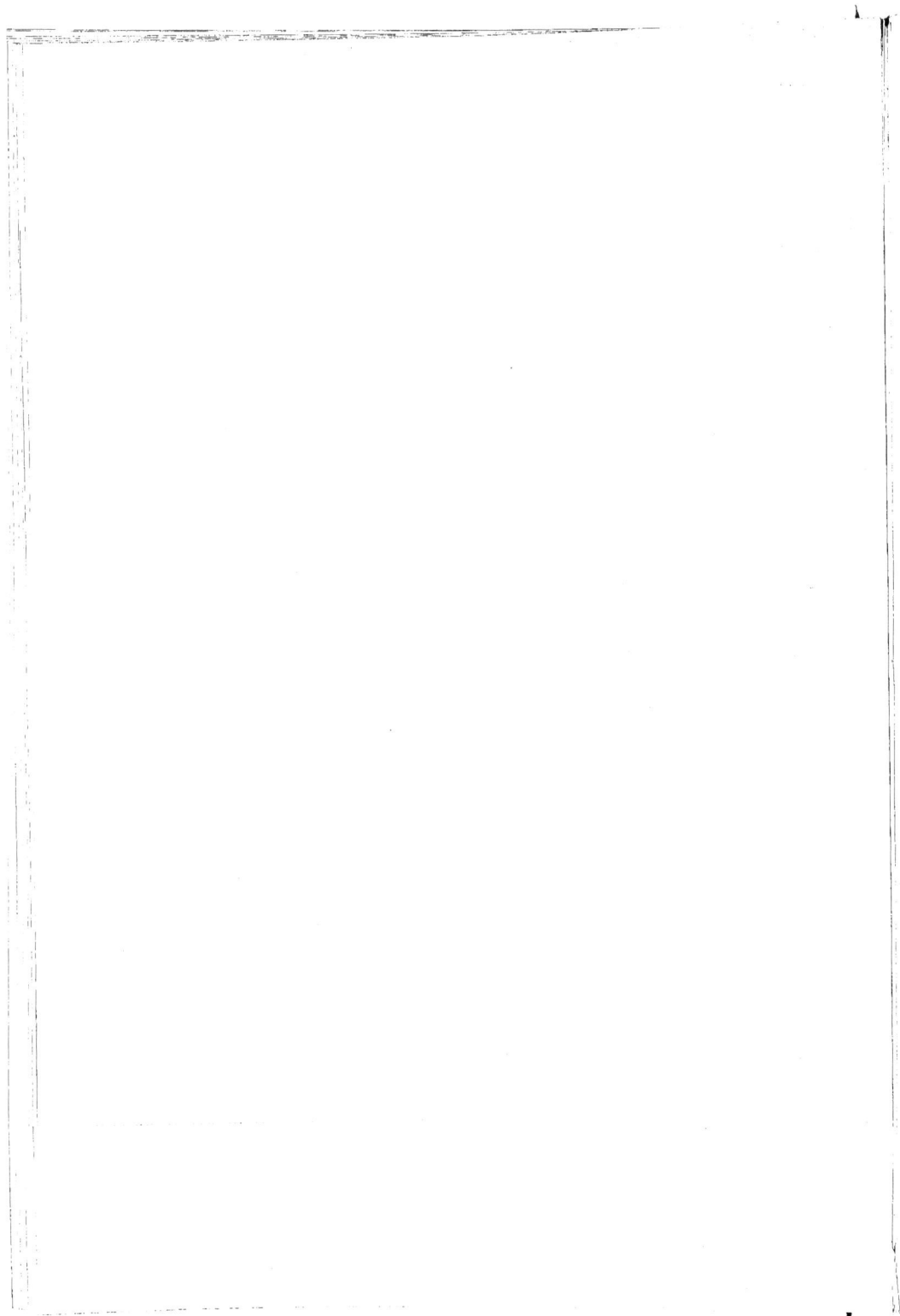

Fig. 23. Ligging der koraalkalken in 3 étages op graniet, ten W van de Laboehan Keepang (Leitimor).
Gr. Graniet S Serpentijngrens k koraalkalk.

Fig. 24. Afgeschoven kalkblok boven Toewi sapo (Leitimor).
N Andesieten, kw Los gruis van N k Koraalkalkblok, van boven gezw員.

Fig. 25. Terrassen tegen het gebergte achter Amahoesoe (L
Sobels genomen uit de Ambon-baai, ongeveer van
De terrassen hebben een flauwe helling zee. N W.

Fig. 26. Panorama van de gebergten Latoea, Loemoe loemoe, Walawaä en Toena (Hitoe), gezien van den G.Kèrbau, 478 meter boven zee.

Fig. 27. Panorama van de gebergten Latoea, Kadera en Loe boven Baloe loebang, 181 meter boven

Fig. 34. Panorama van het Salahoetoe-gebergte tot aan den G.Kèrbau, gezien van een punt op de heuvels achter Ambon.
1, 2, 2ᵃ, 3, 4 afgestorte gedeelten, bij de aardbeving van 6 Januari 1898.

Fig. 35. A

Fig. 37. Afstorting van koraalkalk en gruis bij Wakal (Hitoe). Horizontale en verticale schaal 1:5000.
K Koraalkalk, kw Kalkgruis met schulpen, brokstukken van kalkkoralen en andere stukken van wegglijdend乃
a b los materiaal, van boven afgestort bij de aardbeving van 6 Januari 1898.

Fig. 38. Grens van andesiet en diabaas aan den rechteroever der rivier Wasii, G. Toena (Hitoe)
D Diabaas Di Diabaasbreccie en -tuf N Bruinzandesiet.

Fig. 39. Kwartaire rolsteenterrassen bij Kaitetoe
a-b Hollandse loge, hellende

Fig. 42. Top van den G. Latoea, van : Z. gezien.

Fig. 43. Top van den G. Latoea, van NO. gezien, van een punt : 780 meter b. zee.
A Hoogste top B noortop C hoogstepunt het zuiden bericht (zie Fig. 42)

Fig. 44. Platte grond van den hoogsten Latoea-top.

Fig. 45. Dero!s Hatoe (Hitoe),
aan de Noordkust van Hitoe.
a Vaste kwartsglimmerandesiet. c. Gat, door de zee.

Fig. 49. Rotspartij aan de uitmonding der rivier Möki, rechteroever (Noordkust v. Hitoe).
a. Vaste andesiet. b.Brecciaachtige andesiet.

Fig. 50. De G. Setan, aan de Noordkust van Hitoe, van NO. gezien, bij kaap Moki.
a. Glasrijke andesiet. b. Kwartsglimmerandesietbreccie

Fig. 51. Kalkterrassen achter Liang, tegen het eruptieve gebergte van Hitoe, gezien van N W. uit zee.
a.Kwartsglimmerandesiet. b. Terrassen van gruis en koraalkalk

Fig. 28. Het Loemoe-loemoe gebergte (Hitoe), gezien van het terras achter Laha, 67 meter boven zee.

Fig. 29. De Walawaä en de Tosna (Hitoe), gezien van den top XVII (781 meter boven zee) van het Loemoe-loemoe gebergte.

Fig. 30. Panorama van het Salahoetoe-gebergte (Hitoe), gezien van den G. Kérhau, 478 meter boven zee.

Fig. 31. De Loemoe-loemoe toppen van Ambon gezien.

Fig. 32. De drie Tosna toppen van Ambon gezien.

Fig. 33. De zeven Salahoetoe-toppen van Ambon gezien.

Fig. 35. De Salahoetoe-toppen, gezien van een punt ten N. van kampong Siwang, (1400 meter boven zee).

Fig. 36. De Salahoetoe toppen N°. 1, 2 en 5, gezien van het huisje op top 1 (846 meter boven zee) van den Salahoetoe. Naar eene photographie.

Fig. 40. Rolsteenlagen en hout tegen de rivieroevers der W. Loi, (2 meter boven het rivierbed, ongeveer 4 kilometer van Kailetoe (Hitoe).

Fig. 41. Aanstaand eruptiefgesteente in de W. Luawa, boven Tawiri (Hitoe). a. Melafier. b. Bovenwaartsg melafirophie.

Fig. 46. De grot Mélila, tusschen Asiloeloe en Oering (Noordkust v. Hitoe). a. Conglomeraat en zandsteen. b. Koraalkalk.

Fig. 47. De G. Hoehoe bij kaap Hoehoe. (Noordkust van Hitoe).

Fig. 48. Het Tomol-gebergte bij kaap Tomol (Noordkust van Hitoe).

Fig. 52. De heuvelbergen Hoewé en Eritmakang tusschen Toriehoö en Soeli (Hitoe). Gezien van het N. uit de baai van Wée. a. Los graus met koraalmilkbanken, terrasvorming.

Fig. 53. Monument van den heer Köhler, op het kerkhof te Ambon. Schaal 1:100.

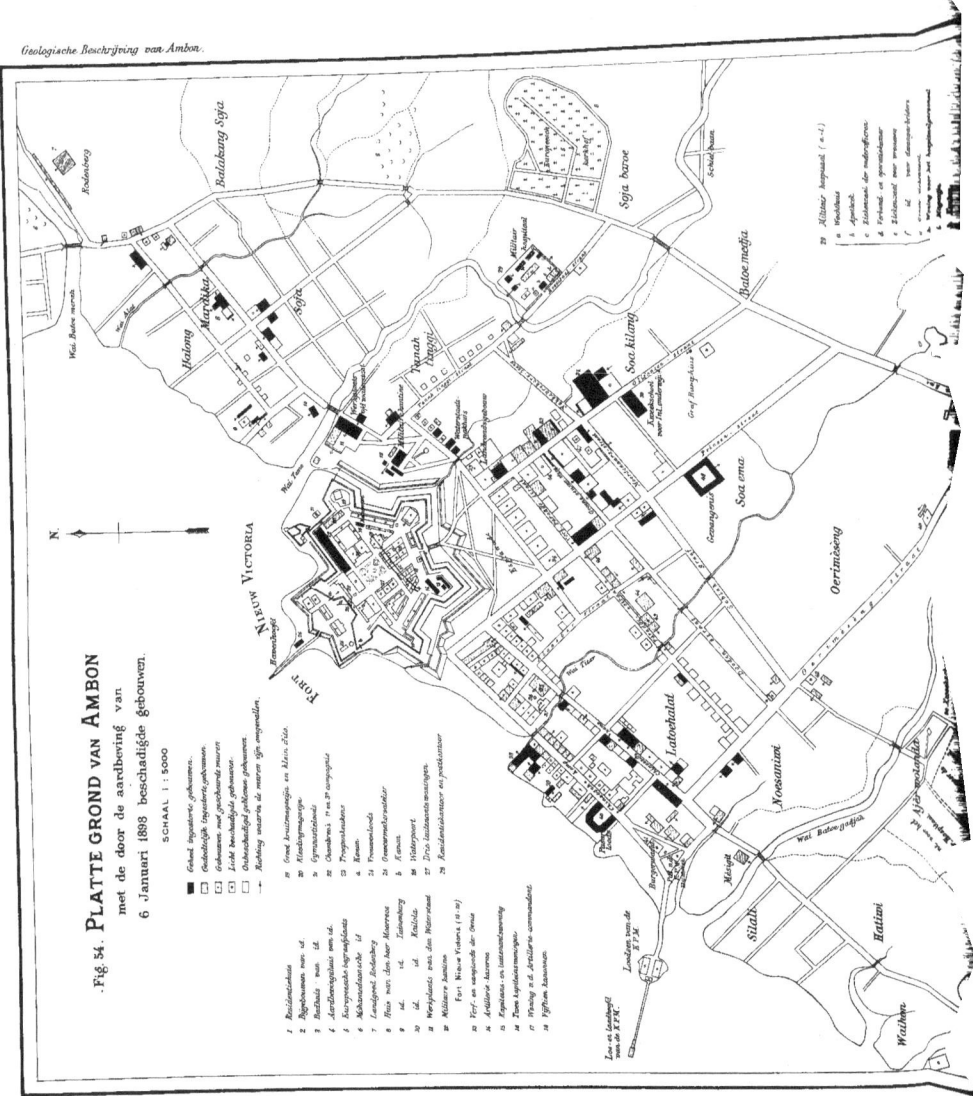

Fig. 54. **PLATTE GROND VAN AMBON**

met de door de aardbeving van

6 Januari 1898 beschadigde gebouwen.

SCHAAL 1 : 5000

Geheel ingestorte gebouwen.
Gedeeltelijk ingestorte gebouwen.
Gebouwen met gescheurde muren.
Licht beschadigde gebouwen.
Onbeschadigd gebleven gebouwen.
Richting waarin de muren zijn omgevallen.

1 Residentiehuis.
2 Bijgebouwen van. id.
3 Badhuis van. id.
4 Aardbevingshuis van. id.
5 Kaarsproepsche begraafplaats
6 Mohammedaansche id.
7 Landgoed Batakberg
8 Huis van. den heer Maurenz
9 id. id. Tatabenberg
10 id. id. Kalilido
11 Woonplaats van. den Waterstaat
12 Militaire kantine

Fort Nieuw Victoria (10 13)
13 Verf. en aangiende der Genie
14 Artillerie kazerne
15 Equipatien en. luitenantswoning
16 Twee kapelaanswoningen
17 Woning v.d. Artillerie commandant
18 Infirm kazernen

19 Groot kruitmagazijn. en kleine Fort
20 Mindelingmagazijn
21 Gymnastiekschool
22 Chambrevis 1° en 2° compagnie
23 Proviandkantoor
24 Kamer
25 Provoostlocale
26 Gouvernementskantoor
27 Kramis
28 Waterpoort
29 Drie luitenantswoningen
27 Residentiekantoor en postkantoor

29 Militair hospitaal (a–t)
Wachthuis
Apotheek
Ziekenzaal der onderofficieren
Verband- en operatiekamer
Ziekenzaal voor vrouwen
id. voor Europeesche helders
id. voor Inlandsche soldaten

N

NIEUW VICTORIA

Fort

Batakberg
Rustenberg
Wai Batoe merah

Haïong Maïdïka
Soja
Batakang Soja
Soja baroe
Soja baroe
Schoolbaan
Schoolbaan
Batoe merah

Wai Tomu
Peneah baroe
Militair
hospitaal
Soa kilonj
Graf Haningkaoe

Soa ema
Oerimisang

Wai Tiloe
Gomargomar
Batoetalat
Wai Batoe galjah

Loodsen van de K.P.M.
Burgerhospitaal
Wenibel
Noesaniwi
Silalh
Loo en Laadbrug
van de K.P.M.
Weuluu
Halini
Nieuw ziekenhuis
Ajer salhamla

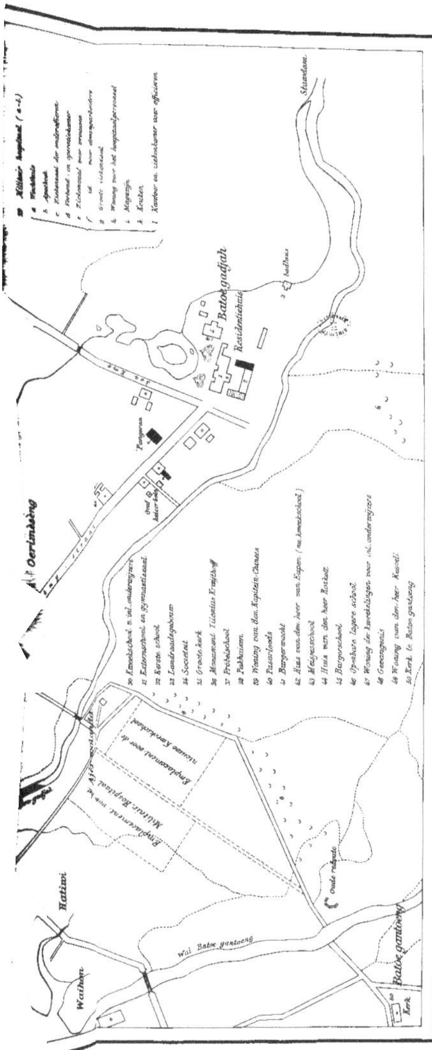

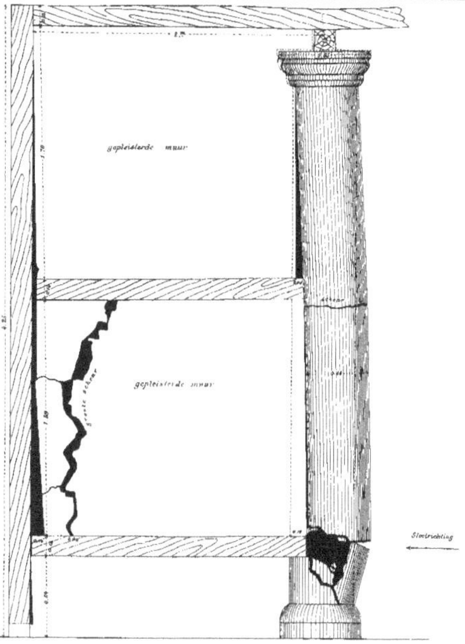

gepleisterde muur

gepleisterde muur

Simlrichting

Fig. 55. Muur in de sociëteit te Ambon, bij de aardbeving gescheurd.
Schaal 1:20.

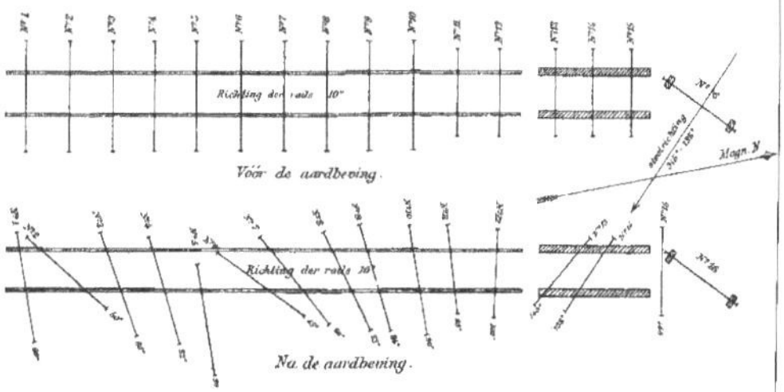

Richting der rails 10°

Voor de aardbeving.

Richting der rails 30°

Na de aardbeving.

Fig. 56. Richting van 15 kanonnen in het fort Nieuw Victoria te Ambon, vóór en na de aardbeving.
Gewicht der kanonnen N°1-10 2000 kilo ieder, Gewicht der kanonnen N°11-15 1500 kilo ieder.
De lijnen stellen de assen der kanonnen voor.
Schaal 1:100.

Oertinang

Hatiwi

Batoe gantoeng

Standam

Batoegadjah

Residentiehuis

30 Exercitielocaal & mil. onderwijzer
31 Katoenspinnerij en gymnastieschool
32 Kerste school
33 Landbouwlokaal gebouwen
34 Sociëteit
35 Groote kerk
36 Monument Tuisstier Kraghaff
37 Protheschool
38 Pakhuizen
39 Woning van Adm. Kapitein Caranien
40 Plaats landst
41 Huis van den heer van Rosum (nu Lemmelschool)
42 Huis van den heer van Rosum
43 Weeshuis van den heer Rockat
44 Weeskerschool
45 Burgerschool
46 Openbare lagere school
47 Woning der kerkklinglm voor
48 Gevangenis
49 Woning van den heer Rockat
50 Kerk & Batoe gantoeng

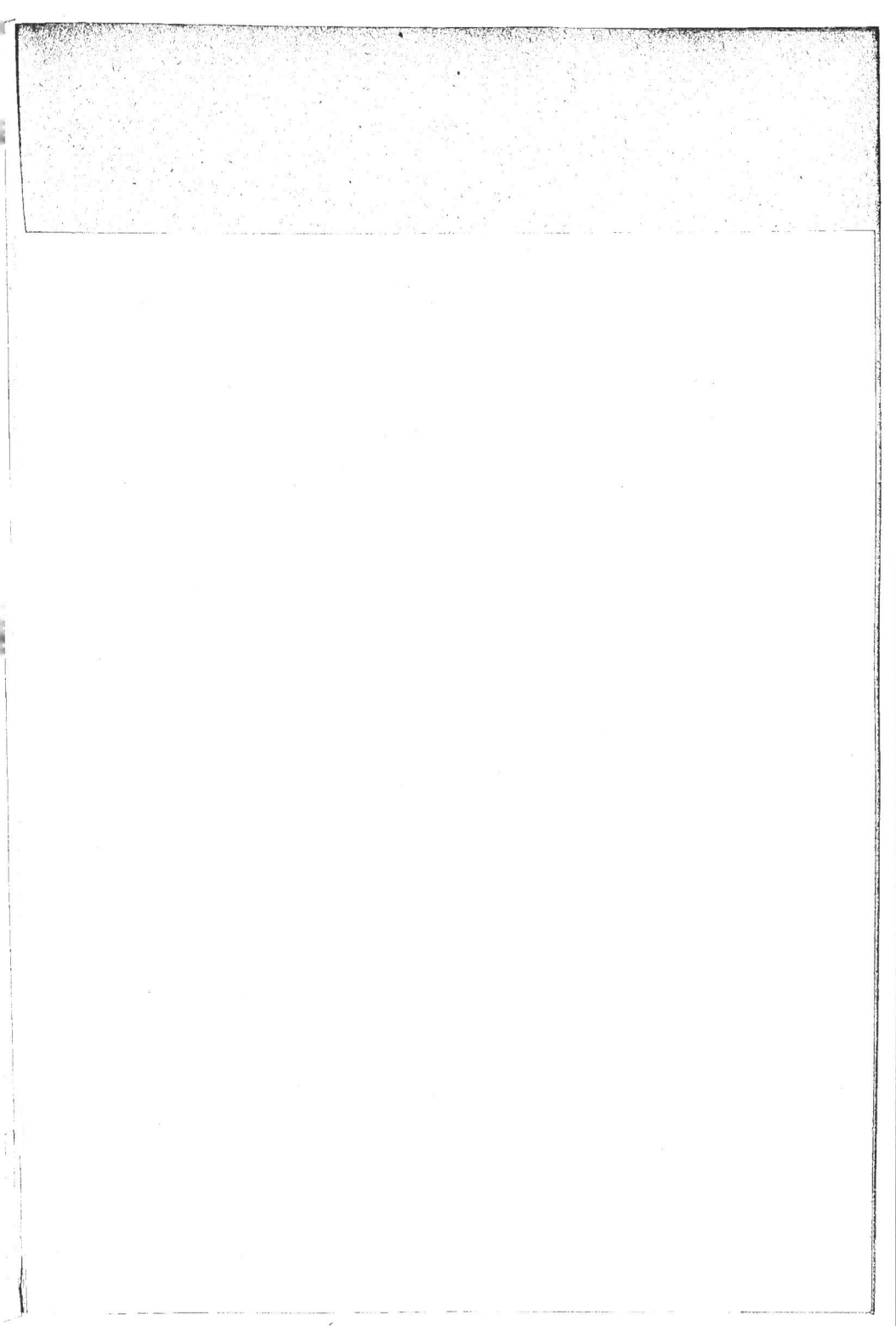

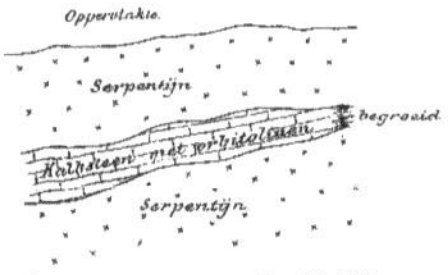

Oppervlakte.

Serpentijn

begroeid

Kalksteen met wisselingen

Serpentijn.

Fig 57. *Kalksteen en serpentijn, bij Këboetoe-
doewoer, Residentie Banjoemas, Java.*

begroeid

Serpentijn. N°3

Kalk N°4

Rivier Karang tengah.

Fig 58. *Kalksteen en serpentijn, bij Watu
Residentie Banjoemas, Java.*

G. Nona

Kalk

Helling 5°

Serpentijn

Telaga
 was Radja

Z.W.

G. Kapal

Kalksteen

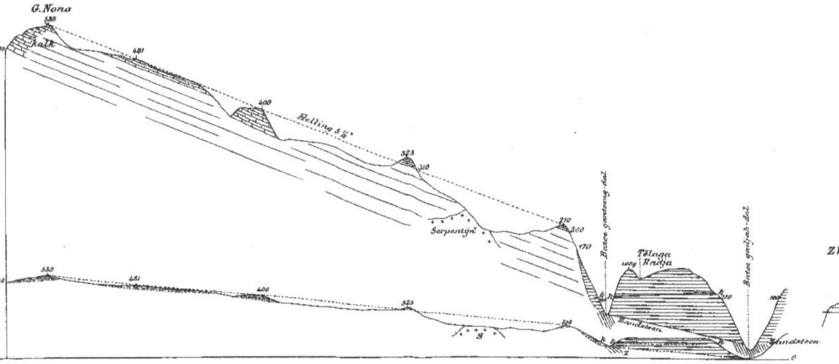

Fig 60. *Profiel van den Goenoeng Nona tot aan de Batoe-gadjah-rivier, ongeveer loodrecht op de richting der kalklagen.*
Horizontale Schaal 1:20.000.
Vertikale Schaal voor het benedenste profiel 1:20.000.
"   "   voor het bovenste   profiel 1: 5.000.

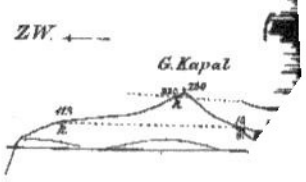

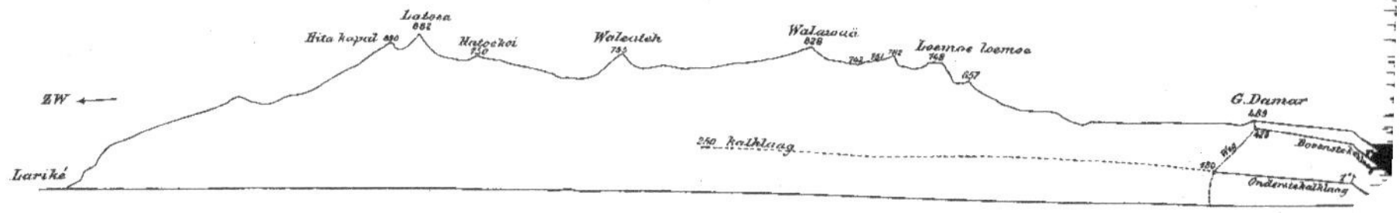

Latoen

Hita hapal

Hatoehei

Woloetoh

Walasnai

Loesnoe loesnoe

Z.W.

G. Damar

Larikè

Kalklaag

Bovenste

Onderste

Fig 62. *Lengtedoorsnede van Hitoe, volgens*
Horizontale Schaal
Vertikale   Schaal

Fig 59. Gebogen en hellende kalklaag
op den Goenoeng Nona, gezien
van Koeda mati (Schets).

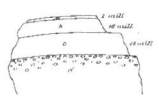
Fig 64. Olivien-mikroliethen
uit gesteente No 12
(1898) van Tandjoeng
Tapi (vergrooting 4p.)

Fig 65. Olivien-mikroliethen uit
gesteente No 12 (1898) van
Tandjoeng Tapi (vergrooting 4p.)

Fig 63. Metafier met glaskorst
van Tandjoeng Tapi op
Hitoe. (Schets).

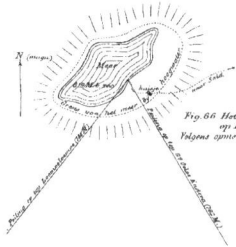
Fig 66. Het meer Telaga Radja
op Hitoe. Schaal 1:2000.
Volgens opmeting van den Heer J.F.de Corte
in 1904.

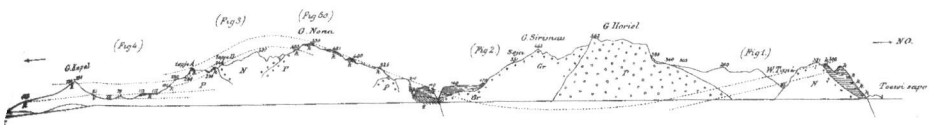
Fig 61. Lengtedoorsnede van Leitimor, volgens eene gebroken lijn, van ± ZW-NO.
Horizontale Schaal 1:100.000.
Vertikale Schaal 1: 25.000.

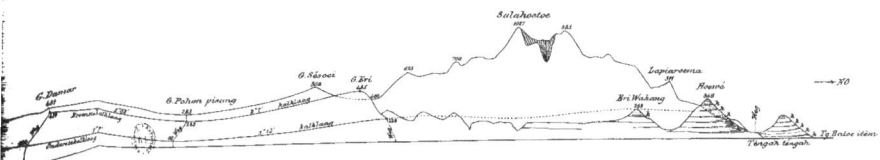
Hitoe, volgens eene gebroken lijn, van ± ZW-NO.
Horizontale Schaal 1:100.000.
Vertikale Schaal 1: 25.000.

www.ingramcontent.com/pod-product-compliance
Lightning Source LLC
Chambersburg PA
CBHW050525210326
41520CB00012B/2441